BEI GRIN MACHT SICH IHR WISSEN BEZAHLT

- Wir veröffentlichen Ihre Hausarbeit, Bachelor- und Masterarbeit

- Ihr eigenes eBook und Buch - weltweit in allen wichtigen Shops

- Verdienen Sie an jedem Verkauf

Jetzt bei www.GRIN.com hochladen und kostenlos publizieren

Martin Gerlach

Aus der Reihe: e-fellows.net stipendiaten-wissen

e-fellows.net (Hrsg.)

Band 1472

Pumpspeicherkraftwerke aus ökonomischer Sicht

GRIN Verlag

Bibliografische Information der Deutschen Nationalbibliothek:

Die Deutsche Bibliothek verzeichnet diese Publikation in der Deutschen National-
bibliografie; detaillierte bibliografische Daten sind im Internet über http://dnb.d-
nb.de/ abrufbar.

Impressum:

Copyright © 2012 GRIN Verlag, Open Publishing GmbH
Druck und Bindung: Books on Demand GmbH, Norderstedt Germany
ISBN: 978-3-668-00533-4

Städtisches Gymnasium Straelen

Pumpspeicherkraftwerke aus ökonomischer Sicht

von Martin Gerlach

Facharbeit im GK

Technik

Schuljahr 2011/12

Vorwort

Hiermit möchte ich allen Danken, die mich tatkräftig bei der Erstellung meiner Arbeit unterstützt haben. Mein besonderer Dank gilt Jeanette Leisinger von der Schluchseewerk AG. Sie hat sich die Zeit genommen, um mir per E-Mail und auch auf dem Postweg ausführliche Informationen über Wasserkraftwerke zu schicken. Ebenso möchte ich Carolin Patzner und Barbara Schneider der E.ON Wasserkraft GmbH danken, welche mir bei Fragen über Pumpspeicherkraftwerke zur Seite standen. Zusätzlich haben sie mir Informationsmaterialien zukommen lassen.

Inhaltsverzeichnis

1. Einleitung 4

2. Die verschiedenen Arten der Wasserkraftwerke und ihre Turbinen 5

3. Das Pumpspeicherkraftwerk 5

    3.1. Das Oberbecken oder auch Speicher(becken) genannt (1) 7

    3.2. Das Einlaufwerk (2) 8

    3.3. Das Wasserschloss (3) 8

    3.4. Die Staumauer (4) 9

    3.5. Die Druckrohrleitungen (5) 9

    3.6. Die Turbine/Pumpturbine (6) 9

    3.7. Das Maschinenhaus (auch Maschinenhalle genannt) (7) 11

    3.8. Die Maschinen (8) 12

    3.9. Das Unterbecken (9) 12

    3.10. Der Transformator (10) und das Stromnetz (11) 12

4. Betrachtung von Pumpspeicherkraftwerken aus ökonomischer Sicht 13

5. Fazit 15

6. Literatur- und Quellenverzeichnis 17

7. Anhang 18

1. Einleitung

In dieser Facharbeit beschäftige ich mich mit dem Thema der regenerativen Energien und ihrem wirtschaftlichen Nutzen. Da dieser Bereich zu umfassend für eine einzige Facharbeit ist, konzentriere ich mich auf die Wasserkraft, speziell auf Pumpspeicherkraftwerke und wie man diese aus ökonomischer Sicht betrachten kann.

Als Erstes werde ich verschiedene Arten der Wasserkraftwerke vorstellen. Dazu passend werden die Turbinen, die überwiegend bei Pumpspeicherkraftwerken verwendet werden, vorgestellt. Die anschließende und ausführliche Beschreibung des Aufbaus und der Funktionsweise eines Pumpspeicherkraftwerks, mit Hilfe von Grafiken, stellt das eigentliche Thema dieser schriftlichen Arbeit dar. Der Abschnitt wird den größten Teil der Facharbeit ausmachen. Im dritten Abschnitt wird die zuvor erläuterte Spezialisierung der Wasserkraftwerke anhand von einem realen Beispiel aus ökonomischer Sicht betrachtet.

Abschließen wird die Facharbeit und somit auch die gesamte Analyse von Pumpspeicherkraftwerken durch eine Bewertung abgerundet, die sich auf die Ergebnisse der zuvor durchgeführten Wirtschaftlichkeitsberechnung bezieht.

Im Laufe der Niederschrift werde ich Herrn Volker Quaschning, Professor an der Hochschule HTW Berlin für Technik und Wirtschaft im Fachgebiet Regenerative Energiesysteme[1], der diverse Fachliteratur veröffentlicht hat, mehrere Male zitieren. Weitere Quellen sind Fachliteratur zu den Themen Wasserkraftwerke oder Wasserbau. Außerdem werde ich Informationen verschiedener Betreiber von Pumpspeicherkraftwerken, wie zum Beispiel der RWE Power AG oder die E.ON Wasserkraft Gmb mit einbeziehen und auch in Teilen zitieren.

---

[1] Vgl. volker-quaschning.de/about/vita/index.php, 28.01.2012.

2. Die verschiedenen Arten der Wasserkraftwerke und ihre Turbinen

Es gibt viele verschiedene Arten von Wasserkraftwerken. Die unten aufgeführten Kraftwerkstypen werden unter anderem in Deutschland genutzt:

- Speicherwasserkraftwerk (oder Speicherkraftwerk genannt),
- Pumpspeicherkraftwerk und das
- Laufwasserkraftwerk.

Die Turbinen der Kraftwerke lassen sich durch ihre Eigenschaften gut unterscheiden. Auffällig sind zum Beispiel die variierenden Fallhöhen und Durchflussmengen. Eine weitere Unterteilung ergibt sich aus dem Druckverhalten. So gibt es die Gleichdruckturbinen (auch Aktions-[2] oder Impulsturbinen genannt), welche nur mit der Bewegungsenergie des Wassers arbeiten, z.B.:

- Turgo-Turbinen, eine Sonderbauform der
- Pelton-Turbinen.

Das Gegenstück sind die Überdruckturbinen (auch Reaktionsturbinen[3] genannt), welche die Lageenergie durch Druckveränderungen in Bewegungsenergie umsetzen und dadurch angetrieben werden, z.B.:

- Francis-Turbinen,
- Kaplan-Turbinen und die
- Rohr-Turbinen (ähneln der Kaplan-Turbinen)[4].

3. Das Pumpspeicherkraftwerk

Wie bereits erwähnt, ist das Pumpspeicherkraftwerk eines der drei Wasserkraftwerkstypen, das in den letzten Jahren häufiger zum Einsatz kommt.

Im Gegensatz zu dem Laufwasserkraftwerk, das die Grundlast des Strombedarfs abdecken soll, ist das Speicher- und auch das Pumpspeicherkraftwerk ein Energie- oder Stromspeicher.

---

[2] Vgl. Strobl, Theodor; Zunic, Franz: Wasserbau. Aktuelle Grundlagen – Neue Entwicklungen. Berlin: Springer Verlag, 2006, S. 323.
[3] ebd.
[4] Vgl. Quaschning, Volker: Regenerative Energiesysteme. Technologie – Berechnung - Simulation. 6. Aufl. München: Hanser Verlag, 2009, S. 301.

Demzufolge werden sie im Volksmund oft als riesige Akkus bezeichnet. Es ist möglich sie durch Befüllen des Oberbeckens „aufzuladen" und durch Ablassen des Wassers zu „entladen".

Kommt es zu einem erheblich angestiegenen Bedarf von elektrischer Energie innerhalb eines geringen Zeitraums, dann spricht man von Stromspitzen. Diese Stromspitzen, ausgelöst durch den Verbraucher, erfordern das Anfahren von Energiespeichern, wie die Pumpspeicherkraftwerke es sind. Auch unter dem Namen Spitzenlastkraftwerk bekannt. Im Laufe von wenigen Sekunden können sie bereits unter Volllast Strom produzieren und die erhöhte Nachfrage an Strom für einige Minuten abdecken, bis andere Kraftwerke reagieren können. Bei konventionellen Kraftwerken, wie einem Kohlekraftwerk, dauert es 15 Minuten, bis die Stromproduktion angepasst worden ist. Die Pumpspeicherkraftwerke können anschließend wieder abgeschaltet werden. Somit wird nicht andauernd, wie bei Laufwasserkraftwerken, Strom produziert, sondern nur dann, wenn ein konventionelles Kraftwerk Unterstützung bei der Bewältigung der Stromproduktion braucht. Ein Pumpspeicherkraftwerk fungiert als Puffer zwischen herkömmlichen Kraftwerken und dem Verbraucher.

Seitdem der Anteil der regenerativen Energien an der Stromerzeugung gestiegen ist, kann es vermehrt zu Unsicherheiten und Schwankungen kommen. Windstille hat den Menschen noch nie so stark beeinträchtigt wie in der heutigen Zeit. Durch Flauten verlieren Windkraftanlagen ihren Nutzen und es muss Strom aus anderen Quellen bezogen werden[5]. In der Regel kann ein Pumpspeicherkraftwerk nach 60-100 Sekunden mit voller Leistung elektrischen Strom produzieren, auch wenn es zuvor im Pumpbetrieb oder Stillstand war. Folglich geben Puffer, wie Pumpspeicherkraftwerke, den Stromunternehmen ein Stück Sicherheit bei der Stromversorgung zurück. Zum Vergleich braucht ein konventionelles Braunkohlekraftwerk zum Hochfahren dreieinhalb Stunden[6]. Dieser Wert ist somit 105-mal höher als die Zeit, die ein Pumpspeicherkraftwerk braucht. Um auf Schwankungen aus dem Betrieb heraus zu reagieren, benötigt ein Kohlekraftwerk etwa 15 Minuten.

Je nach Volumen des Speicherbeckens beträgt die Volllastzeit[7] eines Pumpspeicherkraftwerks vier bis acht Stunden. Die Pumpdauer hängt ganz von dem Fassungsvermögen des Speicherbeckens und der Größe der Pumpen bzw. Pumpturbinen ab. Allgemein kann jedoch festgehalten werden, dass ein Kraftwerk länger im Pumpbetrieb ist, wenn das Becken komplett aufge-

---

[5] Vgl. Informationsmaterial Schluchseewerk AG. Die Hotzenwaldgruppe. Lastverteilung/Schaltanlage Kühmoos, Kavernenkraftwerke Säckingen und Wehr., S. 4.
[6] ebd.
[7] Die Volllastzeit ist die Zeit, in der ein Kraftwerk mit voller Leistung betrieben wird.

füllt werden muss, denn im Turbinenbetrieb verarbeitet das Kraftwerk größere Mengen an Wasser. In der Realität variiert der Einsatz der Pumpspeicherkraftwerke stark. Es gibt Tage an denen sie nur für ein paar Minuten in Betrieb genommen werden. An anderen Tagen hingegen laufen sie viele Stunden am Stück. Pauschal kann keine treffende Aussage hinsichtlich der Auslastung von Pumpspeicherkraftwerken gemacht werden. Es hängt ganz von dem Verhalten der Verbraucher ab, welches stark variieren kann.

Der Aufbau und die Funktion eines solchen Pumpspeicherkraftwerks werden mit Hilfe der unten aufgeführten Abbildung verdeutlicht.

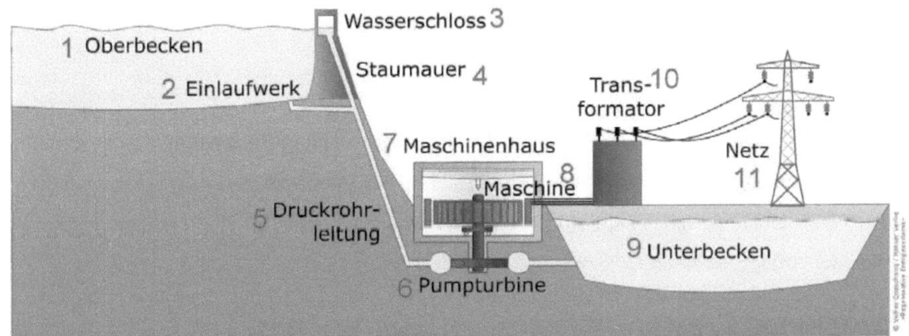

Abbildung Pumpspeicherkraftwerk[8]

3.1. Das Oberbecken oder auch Speicher(becken) genannt (1)

Bei dem hoch gelegenen Oberbecken handelt es sich um ein gestautes Gewässer, in dem die potentielle Energie[9] des Wassers aufbewahrt wird. Das Oberbecken dient als Wasserspeicher und damit gleichzeitig als Energiespeicher.

Bei Pumpspeicherkraftwerken gibt es zwei verschiedene Arten der Speicherbecken. Entweder wird ein Speicherbecken durch einen natürlichen Zufluss (z.B. Fluss) gespeist, oder ausschließlich durch Pumpturbinen und die Staumauer mit Wasser gefüllt. Ist das Oberbecken künstlich angelegt, so kann bei der Anlage nicht von einer „Nutzung regenerativer Energieträger"[10] gesprochen werden.

---

[8] Vgl. Quaschning, Volker: Regenerative Energiesysteme. Technologie – Berechnung - Simulation. 6. Aufl. München: Hanser Verlag, 2009, S. 298.
[9] Auf die potentielle Energie einer Masse m, die sich in einer Höhe h befindet wirkt die Erdbeschleunigung g, wenn man diese fallen lässt. Das entspricht in der Mechanik der potentiellen Energie (E=m*g*h).
[10] Vgl. Quaschning, Volker: Regenerative Energiesysteme. Technologie – Berechnung - Simulation. 6. Aufl. München: Hanser Verlag, 2009, S. 298.

Der Höhenunterschied zwischen dem Oberbecken (1) und dem Unterbecken (9) sollte so hoch wie möglich sein. Die durch den Fall entstehende kinetische Energie[11] des Wassers kann das Kraftwerk zur Stromproduktion nutzen.

3.2. Das Einlaufwerk (2)

Das Einlaufwerk, in mancher Literatur auch als Einlaufbauwerk bezeichnet, ist das Verbindungsstück zwischen dem Oberbecken (1) und der Druckrohrleitung (5). Bei Strombedarf wird das Wasser durch das Einlaufwerk in die Druckrohre geleitet und somit kann Strom produziert werden. Kommt es zu Komplikationen dient das Einlaufbauwerk auch als Schutz anderer Bauteile, denn durch angebrachte Verschlüsse kann die Wasserzufuhr schlagartig unterbrochen werden[12].

3.3. Das Wasserschloss (3)

Das Wasserschloss befindet sich innerhalb der Staumauer (4) und hat die Funktion eventuelle Druckschwankungen beim Hoch- und Runterfahren des Pumpspeicherkraftwerks auszugleichen. Ohne einen Ausgleich dieser Druckschwankungen könnte es zu Beschädigungen an Teilen der Anlage kommen[13].

Beim Öffnen der Rohrleitungen bildet sich ein Unterdruck innerhalb der Leitungen. Beim Schließen kommt es zu einem Überdruck. Diese Druckstöße müssen mithilfe des Wasserschlosses abgebremst werden, um die Druckrohrleitungen nicht zu beschädigen. Ein Wasserschloss, das vor den steilen Rohrleitungen angebracht ist, dient als Ausgleichsbecken beim Übergang in die Rohre[14]. Das durch die Druckstöße in Bewegung versetzte Wasser kann aufgrund „seiner Trägheit [in dem Wasserschloss] weiterströmen"[15]. „Die kinetische Energie (…) wird in potentielle Energie (…) umgewandelt"[16]. Der entstehende Gegendruck und die Reibungskräfte im Wasserschloss verringern die Geschwindigkeit des Wassers soweit, dass es zu keinen Beschädigungen kommt.

---

[11] Die kinetische Energie, oder auch Bewegungsenergie genannt, ist die Energie, die durch die Bewegung eines Objekts entsteht ($E=0{,}5*m*v^2$).
[12] Vgl. eon-wasserkraft.com/pages/ewk_de/Engagement/Bildung/Lehrerinformationen/_documents/ Edersee.pdf, 22.01.2012.
[13] Vgl. energieblog24.de/pumpspeicherkraftwerke, 22.01.2012.
[14] Vgl. Giesecke, Jürgen; Mosonyi, Emil: Wasserkraftanlagen. Planung, Bau und Betrieb. 5. Aufl. Berlin: Springer Verlag, 2009, S. 363.
[15] Strobl, Theodor; Zunic, Franz: Wasserbau. Aktuelle Grundlagen – Neue Entwicklungen. Berlin: Springer Verlag, 2006, S. 321f.
[16] ebd.

3.4. Die Staumauer (4)

Die Staumauer hält das Wasser im Oberbecken (1) zurück. Ein Pumpspeicherkraftwerk ohne natürliches Speicherbecken wird dadurch erst ermöglicht. Ohne Staumauer gäbe es viele der heutigen Pumpspeicherkraftwerke nicht.

3.5. Die Druckrohrleitungen (5)

Eine Druckrohrleitung zeichnet sich dadurch aus, dass in dieser ein höherer Druck als der Normalluftdruck[17] herrscht. Strenge Richtlinien und Überprüfungen der Funktionalität müssen vor Inbetriebnahme beachtet und vollzogen werden[18]. Im Vergleich zu Freispiegelleitungen können in den Druckleitungen die entstehenden Energieverluste deutlich verringert werden. Durch die vollständig gefüllten und unter Druck stehenden Rohre entstehen geringere Reibungskräfte[19], als bei Freispiegelleitungen. Das am häufigsten genutzte Material für Druckrohrleitungen bei Wasserkraftwerken ist Stahl[20].

Innerhalb von Druckrohrleitungen werden drei unabhängig voneinander bedienbare Verschlüsse installiert. Vereinfacht gesagt lässt sich durch den Revisionsverschluss (oberster Verschluss) die Rohrleitung entleeren, was bei Reparaturen von Nutzen ist. Der mittlere Verschluss nennt sich Absperrverschluss und ermöglicht das unterbrechen des Durchflusses im Normalbetrieb. Am Abfluss der Rohrleitung ist der Regelverschluss angebracht, der den Durchfluss des Wassers regelt, sofern der Absperrverschluss geöffnet ist[21].

3.6. Die Turbine/Pumpturbine (6)

Die Turbine stellt das Herzstück der ganzen Anlage dar. Die Turbinenarten kann man durch ihre verschiedenen Eigenschaften unterscheiden und somit fällt die Wahl der richtigen Turbine für ein Pumpspeicherkraftwerk nicht schwer. Zu berücksichtigen sind unter anderem die Fallhöhe und der Durchfluss. Eine falsch eingesetzte Turbine kann nur einen sehr schlechten Wirkungsgrad erzielen.

---

[17] Der atmosphärische Druck (Normalluftdruck), oder auch Luftdruck genannt, beträgt unter Standardbedingungen 1013,25 hPa.

[18] Vgl. lexikon.wasser.de/index.pl?job=te&begriff=Druckleitung, 28.01.2012.

[19] Vgl. Giesecke, Jürgen; Mosonyi, Emil: Wasserkraftanlagen. Planung, Bau und Betrieb. 5. Aufl. Berlin: Springer Verlag, 2009, S. 223.

[20] ebd.

[21] Vgl. Strobl, Theodor; Zunic, Franz: Wasserbau. Aktuelle Grundlagen – Neue Entwicklungen. Berlin: Springer Verlag, 2006, S. 277.

Im Folgenden wird eine Francis-Turbine erläutert:

Das Besondere an der Francis-Turbine ist ihre reversible Funktion, d.h. sie kann sowohl als Turbine, aber auch als Pumpe eingesetzt werden. Die Francis-Turbine hat einen mittleren bis großen Fallhöhenbereich (10-700m) und erreicht einen Wirkungsgrad von über 90%. Es gibt Langsam-, Normal- und Schnellläufer. Die Francis-Turbine gehört zu den Überdruckturbinen und arbeitet mit nicht stark schwankenden Wassermengen. Zusammenfassend kann gesagt werden, dass die Eigenschaften der beschrieben Turbine, besonders die gleichzeitige Nutzung als Pumpe und Turbine, für Pumpspeicherkraftwerke sehr gut geeignet ist.

Die Turbine ist folgendermaßen aufgebaut. In der Schnecke, auch Spirale genannt, die mit dem Zuflussrohr der Druckrohrleitungen (5) verbunden ist, befindet sich ein Laufrad mit ge-krümmten Laufschaufeln. Die Laufschaufeln sind von einem Leitrad mit Leitschaufeln um-schlossen. Diese Leitschaufeln sind in ihrem Einstellwinkel veränderbar, um sowohl einen konstanten Wasserzufluss, als auch eine gleichbleibende Leistung der Turbine zu gewähren. Durch Verändern der Einstellwinkel kann ebenfalls auf Druckveränderungen reagiert werden. Das Laufrad ist durch eine Stahlwelle mit dem Generator verbunden[22].

Wie auf der ersten Abbildung zu erkennen, strömt das Wasser zunächst „durch die Leitschau-feln auf die gegenläufig gekrümmten feststehenden Schaufeln"[23]. Die Stromrichtung wird auch radial (Radiusrichtung) und halbaxial (Achsenrichtung) genannt. Das Wasser verlässt die Turbine in axialer Richtung (Achsenrichtung)[24]. Durch die beweglichen Leitschaufeln erhält das Wasser einen regulierten Vordrall[25].

---

[22] youtube.com/watch?v=I1qkVllEtVQ, 04.02.2012.
[23] Informationsmaterial E.ON Wasserkraft GmbH. Technik der Wasserkraft, Regenerative Energie: Aus Wasser-kraft wird Strom.S. 9.
[24] Vgl. Strobl, Theodor; Zunic, Franz: Wasserbau. Aktuelle Grundlagen – Neue Entwicklungen. Berlin: Springer Verlag, 2006, S. 324.
[25] ebd.

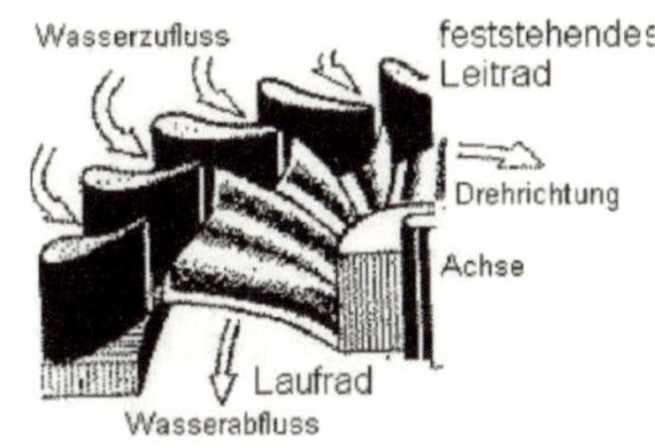

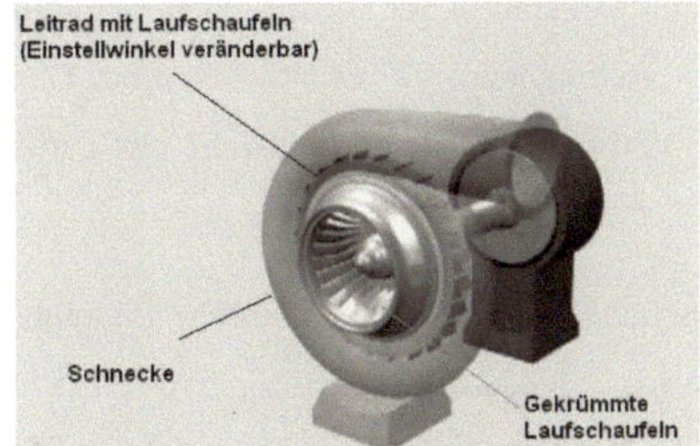

Schaufeln einer Francis-Turbine[26]   **Francis Turbine**[27]

Die Anordnung der Laufschaufeln bewirkt eine Veränderung der Richtung und der Geschwindigkeit des Wassers. Durch das Antreiben des Laufrades gibt das Wasser seine ehemalige potentielle Energie an die Turbine weiter, welche die Energie in mechanische Arbeit umwandelt. Ausdruck dieser mechanischen Arbeit ist die in Bewegung versetzte Stahlwelle, die den Generator antreibt[28] und schließlich Strom produziert.

Der Wirkungsgrad einer Turbine zeichnet sich dadurch aus, wie viel der potentiellen Energie des Wassers an den Generator zur Stromproduktion weitergegeben werden kann.

3.7. Das Maschinenhaus (auch Maschinenhalle genannt) (7)

Das Maschinenhaus ist das Gebäude in dem die Maschinen stehen. Es dient den Turbinen, Pumpen, Kugelschiebern und anderen Gerätschaften als Schutz vor der Witterung. Darüber hinaus vereinfacht es die Wartungsarbeiten für die Mitarbeiter. Die Steuerzentrale des Kraftwerks befindet sich meistens auch im Maschinenhaus.

Diverse Kraftwerke haben keine Maschinenhallen, sondern Kavernen. Kavernen sind künstlich angelegte Höhlen, in denen die Maschinen untergebracht sind. Eine Kaverne hat den Vorteil, dass die Druckrohre (5) zugeschüttet werden können, was das Landschaftsbild nicht so stark beeinträchtigt wie offenliegende Rohre. Eine Kaverne ist durch einen Zufahrtsstollen erreichbar[29].

---

[26] heimataller.de/AK1/Turbine.html, Seite 6, 04.02.2012.

[27] youtube.com/watch?v=I1qkVllEtVQ, 04.02.2012.

[28] Vgl. Strobl, Theodor; Zunic, Franz: Wasserbau. Aktuelle Grundlagen – Neue Entwicklungen. Berlin: Springer Verlag, 2006, S. 323.

[29] Vgl. Informationsmaterial Schluchseewerk AG. Die Hotzenwaldgruppe. Lastverteilung/Schaltanlage Kühmoos, Kavernenkraftwerke Säckingen und Wehr., S. 10.

3.8. Die Maschinen (8)

Die Maschinen sind in der vorliegenden Abbildung ein Sammelbegriff für alle Gerätschaften, die im Maschinenhaus (7) anzutreffen sind. Dazu gehören z.B. die Turbine, der Generator, jegliche Verbindungen (u.a. Stahlwelle der Turbine), Kontrolleinheiten und die Steuerzentrale.

Der Generator wandelt die mechanische Energie, die durch die Stahlwelle der Turbine weitergegeben wird, in elektrische Energie bzw. elektrische Spannung um.

Wird von dem Gesamtwirkungsgrad gesprochen, so ist dieser immer auf den Generator bezogen, denn erst nachdem der Generator den elektrischen Strom produziert hat, kann man berechnen wie hoch der Wirkungsgrad eigentlich ist. Der Generator ist das letzte Glied in der Stromproduktion eines Pumpspeicherkraftwerks. Lediglich bei der Umwandlung der Spannung in Hochspannung für das Stromnetz kommt es nochmal zu Verlusten, welche die Wirkungsgradberechnung aber nicht mehr berücksichtigt. In der Regel kommen Pumpspeicherkraftwerke auf einen Wirkungsgrad von 70-80%. Moderne Anlagen schaffen es sogar auf über 80%.

3.9. Das Unterbecken (9)

Das Unterbecken hat dieselbe Funktion, wie das bereits beschriebene Oberbecken (1). Es ist Energiespeicher für das Wasserkraftwerk. Auch hier wird unterschieden, ob das Becken einen natürlichen Zufluss hat oder künstlich angelegt wurde.

3.10. Der Transformator (10) und das Stromnetz (11)

Der Transformator wandelt die vom Generator produzierte Spannung (6,6 Kilovolt) in Hochspannung (110 Kilovolt) um. Diese Hochspannung wird dann über die Schaltanlage ins Stromnetz (11) eingespeist[30].

Das Umwandeln der Spannung in Hochspannung ist notwendig, da einzuspeisende Spannungen der Netzspannung angeglichen werden müssen, da sonst keine Einspeisung möglich ist. Weiterhin werden die Verluste beim Stromtransport verringert.

---

[30] Vgl. eon-wasserkraft.com/pages/ewk_de/Engagement/Bildung/Lehrerinformationen/_documents/
Edersee.pdf, 04.02.2012.

4. Betrachtung von Pumpspeicherkraftwerken aus ökonomischer Sicht

Die im folgenden Abschnitt behandelte Aktiengesellschaft ist die Schluchseewerk AG mit Sitz in Laufenburg (Baden). Die Schluchseewerk AG betreibt zwei Gruppen von Pumpspeicherkraftwerken. Einmal die Hotzenwaldgruppe, welche aus zwei Kavernenkraftwerken (Säckingen und Wehr) besteht. Die Schluchseegruppe besteht aus drei Pumpspeicherkraftwerken mit den Standorten Häusern, Witznau und Waldshut. Darüber hinaus gehören noch ein Kleinwasserkraftwerk, ein Laufwasserkraftwerk und ein Wehrkraftwerk zu den von der Schluchseewerk AG betriebenen Anlagen. Diese Kraftwerke haben zusammen eine Leistung von 1863 Megawatt und produzierten allein im letzten Jahr mehr als zwei Milliarden Kilowattstunden Strom[31].

Sowohl die Gewinne als auch die Verluste dieser Aktiengesellschaft errechnen sich aus verschiedenen Bereichen. Die aufgeführten Zahlen sind dem Geschäftsbericht für das Jahr 2010 der Schluchseewerk Gesellschaft zu entnehmen.

Die Schluchseewerk AG erzielte im Geschäftsjahr vom 1. Januar bis zum 31. Dezember 2010 einen Gesamtgewinn von **100.582.000 €**.

Die Summe des Gewinns setzt sich aus den folgenden Erträgen zusammen:

Umsatzerlöse	93.032.000 €
Aktivierte Eigenleistungen	2.938.000 €
Sonstige betriebliche Erträge	4.612.000 €
Gesamtgewinn	**100.582.000 €**

Zum Vorjahr liegt ein Rückgang von 432.000 € vor. Die Schluchseewerk AG konnte Gewinne in den Bereichen Umsatzerlöse und aktivierte Eigenleistungen erzielen. Die Einnahmen der sonstigen betrieblichen Erträge sind deutlich gesunken.

Der Umsatzerlös setzt sich unter anderem aus Einnahmen der Betriebsführung (3.751.000 €) und sonstigen Stromeinnahmen (18.031.000 €) zusammen.

---

[31] Vgl. Informationsmaterial Schluchseewerk AG. Die Hotzenwaldgruppe. Lastverteilung/Schaltanlage Kühmoos, Kavernenkraftwerke Säckingen und Wehr., S. 8 und 15.

Die aktivierten Eigenleistungen kommen durch die Planungen des Projekts Atdorf und den durchgeführten Arbeiten am Standort Wehr durch eigene Fachkräfte zustande[32].

Die sonstigen betrieblichen Erträge haben sich um 1.733.000 € vermindert. Dieser Rückgang entstand durch die sonstigen Personalrückstellungen, die sich um 802.000 € verringert haben. Erhöht haben sich nur die Erträge aus der Schadensabrechnung und beliefen sich für das Jahr 2010 auf 883.000 €.

Die Ausgaben setzten sich wie folgt zusammen:

Materialaufwand	33.381.000 €
Personalaufwand	28.898.000 €
Abschreibungen	10.444.000 €
Sonstige betriebliche Aufwendungen	9.578.000 €
Gesamtausgaben	**82.301.000 €**

In der Position des Materialaufwands sind Reparaturkosten enthalten. Diese beinhalten die Material- (22.670.000 €) und Personalkosten (10.711.000 €) für Reparaturen.

Bei den Personalausgaben wurden die Löhne und Gehälter (21.128.000 €), die Abgaben für die Altersversorgung und Unterstützung (7.770.000 €) und die Altersversorgung selbst (3.554.000 €) berechnet. Im Geschäftsjahr 2010 waren 355 Mitarbeiter und 23 Auszubildende angestellt.

Die sonstigen betrieblichen Aufwendungen beinhalten auch Kosten, wie Versicherungen, Beiträge und Gebühren (2.886.000 €), Inanspruchnahme von Rechten und Dienstleistungen (934.000 €) oder auch abgerechnete Auftragskosten und übrige Aufwendungen (2.116.000 €). Außerdem werden sonstige Steuern (408.000 €) aufgeführt.

Weitere Ausgaben der Schluchseewerk AG sind Kredite mit Zinsen und Steuerschulden aufgrund einer Betriebsprüfung für die Jahre 2005 bis 2008[33]. Diese Ausgaben wurden in dem Geschäftsbericht als Finanzergebnis bezeichnet und belaufen sich auf 9.056.000 €.

Ebenfalls vom Gewinn abzuziehen sind die Verluste durch die außerordentlichen Ergebnisse, wie z.B.: Treueprämien (42.000 €) oder auch Rückstellungen für Strompreisverbilligungen (694.000 €). Diese Abzüge betragen 1.300.000 € und fallen nicht in jedem Geschäftsjahr an.

---

[32] Vgl. Geschäftsbericht 2010 Schluchseewerk AG, S. 33.
[33] Vgl. Geschäftsbericht 2010 Schluchseewerk AG, S. 37.

Weiterhin sind die <u>Steuern vom Einkommen und vom Ertrag</u>, in Höhe von <u>5.116.000 €</u> abzuziehen.

Insgesamt kommt die Schluchseewerk Aktiengesellschaft auf einen **Jahresüberschuss** von **2.809.000 €**.

	Geschäftsjahr 2010	Geschäftsjahr 2009
Umsatzerlöse	+93.032.000 €	+92.781.000 €
Aktivierte Eigenleistungen	+2.938.000 €	1.888.000 €
Sonstige betriebliche Erträge	+4.612.000 €	+6.345.000 €
Materialaufwand	-33.381.000 €	-39.427.000 €
Personalaufwand	-28.898.000 €	-39.877.000 €
Abschreibungen	-10.444.000 €	-10.446.000 €
Sonstige betriebliche Aufwendungen	-9.578.000 €	-7.894.000 €
Finanzergebnis	-9.225.000 €	+52.000 €
Außerordentliches Ergebnis	-1.300.000 €	0 €
Steuern vom Einkommen und vom Ertrag	-5.116.000 €	-613.000 €
Jahresüberschuss	**+2.809.000 €**	**+2.809.000 €**

5. Fazit

Pumpspeicherkraftwerke kann man ganz allgemein als **ökonomisch sinnvoll** bezeichnen. Durch den Bau solcher Wasserkraftwerke werden nicht nur viele Arbeitsplätze geschaffen und damit die Wirtschaft angekurbelt, sondern es gibt auch einen ökologischen Nutzen. Die Speicherbecken dienen Fischen und anderen Lebewesen als Lebensraum. Zudem können die Wasserspeicher für sportliche Aktivitäten genutzt werden oder einfach naturverbundenen Menschen die Landschaft näher bringen. Wasserbewirtschaftungsmaßnahmen, wie sie die Schluchseewerk AG betreibt, haben eine große Bedeutung für den Hochwasserschutz[34].

---

[34] Vgl. Informationsmaterial Schluchseewerk AG. Spitzenleistung für Spitzenstrom., S. 26.

Als Puffer für konventionelle Kraftwerke wird von Pumpspeicherkraftwerken kein ökonomischer Erfolg erwartet. Die an dem Beispiel der Schluchseewerk AG durchgeführte Betrachtung der Wirtschaftlichkeit zeigt deutlich, dass Pumpspeicherkraftwerke in der Lage sind Gewinne zu erzielen. Diese Gewinne hängen allerdings stark von verschiedenen Faktoren ab. Sehr wichtig ist so zum Beispiel das Pumpen in Zeiten von billigem Strom. Billiger Strom zeichnet sich dadurch aus, dass bei Zeiten geringen Strombedarfs der Preis für den Verbraucher sinkt und sich somit das Vollpumpen des Oberbeckens rentiert[35]. Teilweise sind die Strompreise so niedrig, dass das Kraftwerk Geld für jede gepumpte Kilowattstunde erhält, anstatt dafür zahlen zu müssen. Wichtig für einen ökonomischen Erfolg ist auch das Arbeiten mit modernsten Maschinen, da diese effizienter sind.

Unter Berücksichtigung der verschiedenen Faktoren und Verwendung modernster Technik erzielt ein Pumpspeicherkraftwerk ökonomische Erfolge und ist für den Betreiber rentabel.

---

[35] Vgl. Strobl, Theodor; Zunic, Franz: Wasserbau. Aktuelle Grundlagen – Neue Entwicklungen. Berlin: Springer Verlag, 2006, S. 319.

6. Literatur- und Quellenverzeichnis

6.1. Literatur

Giesecke, Jürgen; Mosonyi, Emil: Wasserkraftanlagen. Planung, Bau und Betrieb. 5. Aufl. Berlin: Springer Verlag, 2009.

Quaschning, Volker: Regenerative Energiesysteme. Technologie – Berechnung - Simulation. 6. Aufl. München: Hanser Verlag, 2009.

Strobl, Theodor; Zunic, Franz: Wasserbau. Aktuelle Grundlagen – Neue Entwicklungen. Berlin: Springer Verlag, 2006.

6.2.Internetquellen

http://www.energieblog24.de/pumpspeicherkraftwerke. Brosy, Rainer Ralf (22.01.2012).

http://www.eon-wasserkraft.com/pages/ewk_de/Engagement/Bildung/Lehrerinformationen/_documents/Edersee.pdf. Knott, Guido (04.02.2012).

http://www.heimataller.de/AK1/Turbine.html. Wiggenhagen, Manfred (04.02.2012).

http://www.lexikon.wasser.de/index.pl?job=te&begriff=Druckleitung (28.01.2012).

http://www.volker-quaschning.de/about/vita/index.php. Quaschning, Volker (28.01.2012).

http://www.youtube.com/watch?v=I1qkVlIEtVQ (04.02.2012).

6.3. Weitere Quellen

Geschäftsbericht 2010 Schluchseewerk AG.

Informationsmaterial E.ON Wasserkraft GmbH. Technik der Wasserkraft, Regenerative Energie: Aus Wasserkraft wird Strom.

Informationsmaterial Schluchseewerk AG. Die Hotzenwaldgruppe. Lastverteilung/Schaltanlage Kühmoos, Kavernenkraftwerke Säckingen und Wehr.

Informationsmaterial Schluchseewerk AG. Spitzenleistung für Spitzenstrom.

7. Anhang

Folgende Bilder sind Aufnahmen der Exkursion zum Pumpspeicherkraftwerk Herdecke (Koepchenwerk) der RWE Power AG.

Hier ist der Schacht zum tiefer liegenden Kugelschieber zu sehen.

Links ist der von oben fotografierte Kugelschieber und unten das Hinweisschild, welches am Kugelschieber angebracht ist.

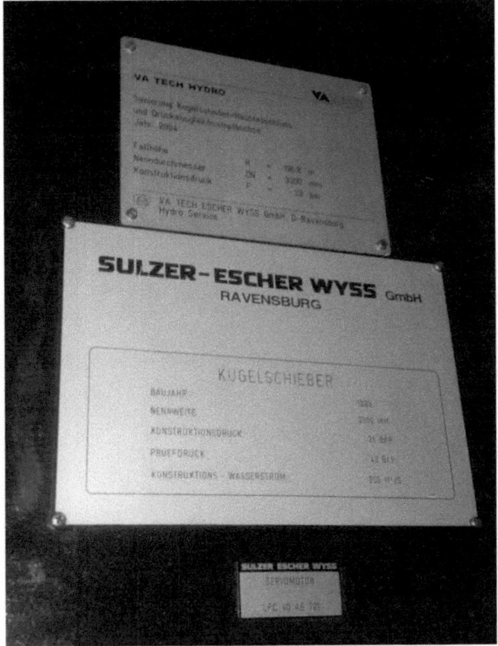

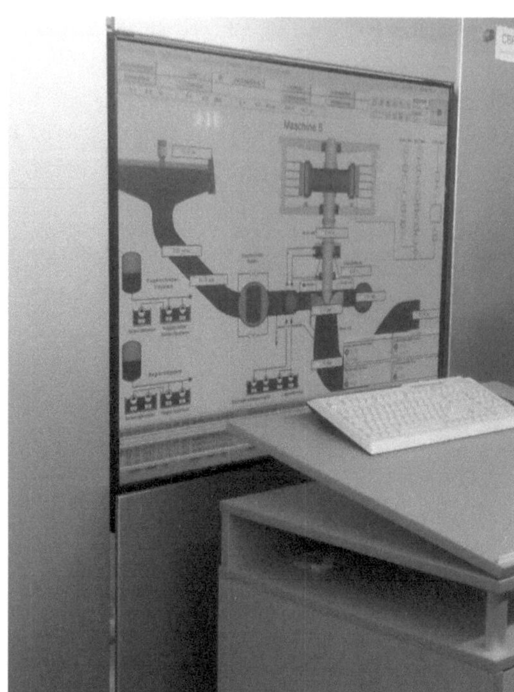

Das Überwachungssystem in der Nähe der Turbine.

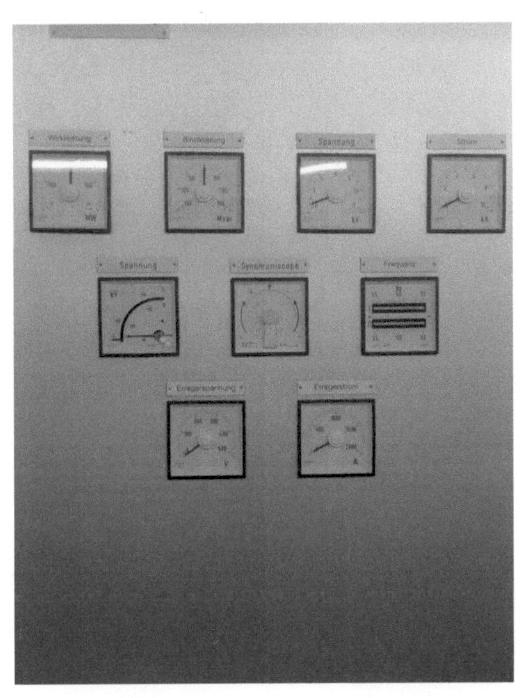

Wirkleistung
Blindleistung
Spannung
Strom
MW
Mvar
kV
kA
Spannung
Synchroniscope
Frequenz
kV
Erregerspannung
Erregerstrom
V
A